Gámez de la Hoz, Joaquín J.

Biólogo. Coordinador de Sanidad Ambiental.
Distrito Sanitario Coin-Guadalhorce. Servicio Andaluz de Salud.

LA SALUD AMBIENTAL EN MUNICIPIOS DE LA PROVINCIA DE MÁLAGA

Año de edición, 2002

JUNTA DE ANDALUCÍA

Servicio Andaluz de Salud

Distritos Sanitarios Coin-Guadalhorce-Ronda

DATOS CATALOGRÁFICOS

GÁMEZ DE LA HOZ, Joaquín Jesús

La salud ambiental en municipios de la provincia de Málaga (2002) / Joaquín Jesús Gámez de la Hoz.- [Málaga]: Distrito Sanitario Coin- Guadalhorce-Ronda, Servicio Andaluz de Salud, Junta de Andalucía. Servicio Andaluz de Salud, 2002.

Nº páginas: 90, 24 cm.
ISBN: 978-84-607-4468-9

1. MEDIO AMBIENTE . 2. SALUD AMBIENTAL. 3. ANDALUCÍA. I. Andalucía. Servicio Andaluz de Salud. II. Título.

Edita: Distrito Sanitario Coin-Guadalhorce/Ronda. Servicio Andaluz de Salud. Consejería de Salud. Junta de Andalucía.
Diseño de portada: Joaquín Gámez de la Hoz
Imprime: Lulu Enterprises, Inc.
Depósito Legal: MA-373/2002
ISBN: 978-84-607-4468-9

Este libro es una obra unitaria no periódica que se compone de 90 páginas, sin incluir las de cubierta, contiene un índice y 7 capítulos, ajustada a la definición de libro propuesta por la UNESCO (1964) sobre recomendaciones para publicaciones.

Joaquín Gámez de la Hoz es Licenciado en Biología por la Universidad de Málaga. Ejerce su profesión de Biólogo como experto en Sanidad Ambiental del Cuerpo Superior de Técnicos de Salud del Servicio Andaluz de Salud, donde ha sido miembro de la Comisión Consultiva de Gestión Ambiental. Trabaja como coordinador de los servicios inspección sanitaria en el Distrito Coin-Guadalhorce. Ha sido asesor del Ministerio Fiscal en delitos contra la salud pública. Ha publicado numerosos artículos en revistas científico-técnicas y ha participado en Congresos de la Sociedad Española de Sanidad Ambiental [jgamez@andaluciajunta.es].

INDICE GENERAL

INDICE DE TABLAS

I. AGUAS POTABLES DE CONSUMO PÚBLICO

II. ZONAS DE BAÑO CONTINENTALES

III. ESTABLECIMIENTOS PÚBLICOS NO ALIMENTARIOS

IV. LEGIONELOSIS

V. SEGURIDAD QUÍMICA

CAPÍTULO I

ANTECEDENTES

1. INTRODUCCIÓN

La salud pública tiene como objetivos prevenir la enfermedad, proteger, promover y mejorar la salud de las personas. No se trata de una disciplina teórica, sino una práctica pluriprofesional y multidisciplinar, para dar respuesta eficaz a los problemas de salud que la sociedad exige que se solucionen.

Una de las funciones esenciales de la salud pública promulgadas por el Consejo Ejecutivo de la Organización Mundial de la Salud (OMS, 1997) es la protección del ambiente. Es un hecho reconocido la estrecha relación existente entre el medio ambiente y la salud humana. No es novedoso recordar que la degradación del medio ambiente incide negativamente en la salud de las personas, pero si es preocupante el ritmo de deterioro de los recursos naturales así como la aparición de otros factores de riesgo ambiental desapercibidos hasta hace poco: radiaciones electromagnéticas, disruptores endocrinos, organismos modificados genéticamente...

La Salud Ambiental ha sido definida por la OMS como el área de conocimiento de la salud pública que identifica, caracteriza, vigila, controla y evalúa los efectos sobre la salud humana de los distintos factores de riesgo ambiental.

Con ello se quiere destacar que los riesgos sanitarios no deben disociarse de los factores ambientales. El ciudadano cada vez está más sensibilizado por su salud y calidad de vida y, por ello, exige conocer cómo afecta el desarrollo industrial y tecnológico no sólo al medio ambiente sino a la salud individual y colectiva.

Por tanto las funciones de salud ambiental representan un área de actuación con peso específico propio en salud pública, que necesita de unos recursos y una organización definida con claridad ante las instituciones, entidades y el ciudadano.

La Ley 2/1998 de Salud de Andalucía consolida el Plan Andaluz de Salud como instrumento director de la política sanitaria del Gobierno de Andalucía. El Plan "1999-2002" supone un compromiso colectivo por la mejora de las condiciones de salud y calidad de vida de todos los ciudadanos.

El cumplimiento de los objetivos formulados supone para Andalucía un avance positivo en los indicadores de salud de la población y en la prevención de enfermedades.

La Dirección General de Salud Pública y Participación de la Consejería de Salud de la Junta de Andalucía tiene asignada como funciones el control sanitario, la evaluación de riesgos e intervención pública en salubridad del medio ambiente, y otros factores que afecten a la salud pública.

Al Servicio Andaluz de Salud le corresponde desarrollar y ejecutar las actividades y programas en materia de sanidad ambiental, a través de los servicios de atención primaria de salud.

Los datos presentados en este Libro son el resultado de las actividades de vigilancia y control sanitario realizados por los servicios de salud ambiental de los Distritos Sanitarios Coin-Guadalhorce-Ronda.

La Administración andaluza se enfrenta al desafío de fortalecer la función de la autoridad sanitaria y una parte importante de este papel consiste en ampliar y exigir el cumplimiento de las funciones de salud ambiental, reforzando su práctica y mejorando los recursos asociados.

2. JUSTIFICACIÓN

El propósito que conduce a difundir la información y el trabajo realizado en el área de sanidad ambiental del Servicio Andaluz de Salud es contribuir positivamente a la salud individual y colectiva mediante la promoción y protección de aquellos factores del medio ambiente que afectan a la salud pública.

Existen numerosas razones que indican la necesidad de ofertar una cartera de servicios de Sanidad Ambiental, siendo la principal la magnitud que están adquiriendo los problemas ambientales y la preocupación del ciudadano en conocer como afectan a su salud; la calidad ambiental de los lugares de convivencia humana, las condiciones económicas y culturales directamente relacionadas con el nivel de salud, el desarrollo tecnológico e industrial, apareciendo como problemas de salud-ambiental más importantes en la zona de estudio: las garantías sanitarias del agua de los sistemas de abastecimiento de consumo público, factores de riesgo asociados al uso de aguas recreativas, condiciones sanitarias de los establecimientos públicos, control de las instalaciones relacionadas con el desarrollo y propagación de la Legionella y utilización de los productos químicos.

A lo largo del Libro se revisan aspectos técnicos y sanitarios de un grupo de factores con incidencia en la salud de la población de estudio. También se mencionan normativas de referencia y un análisis del diagnóstico de salud que incluye recomendaciones sanitarias basadas en los criterios fijados por las autoridades sanitarias en la Comunidad Autónoma de Andalucía.

3. DESCRIPCIÓN DEL DISTRITO SANITARIO

El Distrito Sanitario constituye la unidad de planificación y gestión para desarrollar el nivel primario de atención a la población. Los Distritos Sanitarios se organizan en varias zonas básicas de salud, es decir, demarcaciones geográficas y de población que constituyen unidades de prestación de servicios diferenciadas.

Cada zona básica de salud está formada por centros de salud y/o consultorios locales, donde están asignados los profesionales que actúan en la sanidad pública.

En el caso que nos ocupa el Distrito Sanitario está organizado en diez Zonas Básicas de Salud (ZBS) de carácter rural, distribuidas en dos comarcas geográficas claramente definidas: el valle del Guadalhorce y la Serranía de Ronda.

Situación relativa en la provincia de Málaga

A continuación se presentan los municipios incluidos por cada ZBS de cada Distrito Sanitario:

Distrito	Zona Básica de Salud	Municipios
Serranía de Ronda	Algatocin	Algatocin Benadalid Benarrabá Benalauria Gaucín Jubrique
	Benaoján	Benaoján Atajate Cortes de la Frontera Jimera de Líbar Montejaque
	Ronda-Norte	Ronda Arriate Cuevas del Becerro El Burgo
	Ronda-Sur	Ronda Alpandeire Cartajima Farajan Igualeja Júzcar Parauta Pujerra

Distrito	Zona Básica de Salud	Municipios
Coin-Guadalhorce	Alhaurin el Grande	Alhaurin el Grande
	Alora	Alora Ardales Carratraca
	Alozaina	Alozaina Casarabonela Tolox Yunquera
	Campanillas	Campanillas (Málaga)
	Cártama	Cártama Pizarra
	Coin	Coin Guaro Monda

Existen un total de 10 centros de salud y 33 consultorios distribuidos de la siguiente forma:

	COIN- GUADALHORCE	RONDA
Centros de salud	**6**	**4**
Consultorios	**10**	**23**

Durante el año 2001, los Distritos Sanitarios Coin-Guadalhorce/Ronda cubren una Población de Derecho de 158.191 habitantes[1], distribuidos en 102.100 habitantes en la comarca del Valle del Guadalhorce y 56.091 habitantes en la Serranía de Ronda.

[1] *Fuente: INE - Renovación del padrón municipal de habitantes a 1 de enero de 2000, cifras declaradas oficiales por el Gobierno mediante el Real Decreto 950/2001, de 3 de agosto.*

Como dato básico sobre la actividad productiva de la población destaca el agrícola en la comarca del Valle del río Guadalhorce y el turístico en la Serranía de Ronda, si bien el turismo rural de calidad está en constante expansión en ambos espacios.

Por último, los servicios de salud pública ofertados a la población comprenden programas de sanidad ambiental, higiene de los alimentos, epidemiología y educación para la salud.

CAPÍTULO II

AGUAS POTABLES DE CONSUMO PÚBLICO

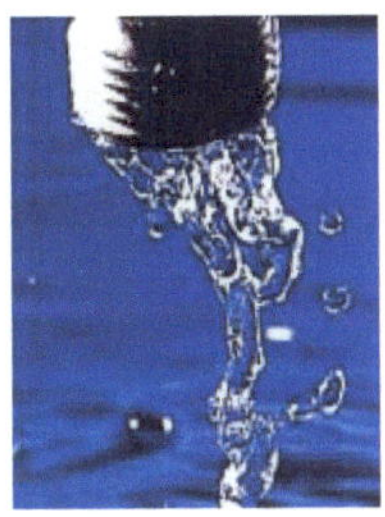

4. VIGILANCIA DE SISTEMAS DE ABASTECIMIENTO

El agua es el vehículo más importante para la transmisión de enfermedades gastrointestinales. En los países desarrollados estos riesgos son cada vez menos habituales, pero todavía existen problemas no resueltos relacionados con el consumo de agua contaminada.

La manera más eficaz de prevenir las enfermedades de origen hídrico producidas por microorganismos es el tratamiento de desinfección, si bien en el caso de grupos resistentes se requieren tratamientos adicionales (coagulación, floculación y filtración). Por ello, los sistemas de desinfección inseguros no garantizan la eliminación de eventuales contaminaciones bacteriológicas de las aguas.

No deben despreciarse los riesgos de tipo químico derivados de distintos orígenes: malas prácticas en la desinfección, contaminación industrial, naturaleza de los terrenos que atraviesan las aguas, contaminación agraria difusa, etc. La exposición prolongada de los consumidores a compuestos químicos en niveles no admisibles puede derivar en la aparición de enfermedades. En este sentido estudios epidemiológicos han descrito asociaciones entre el aumento del cáncer en el sistema digestivo y los productos derivados de la desinfección (trihalometanos, clorofenoles, acetonitrilos, cloritos...) presentes en el agua de consumo.

La existencia de nitratos o nitritos en niveles no permitidos en el agua de bebida puede producir la enfermedad conocida como metahemoglobinemia infantil o «de los niños azules», cuyo origen reside en un transporte deficiente del oxígeno presente en la sangre.

Corresponde a los Ayuntamientos o empresas abastecedoras la gestión de los abastecimientos de aguas potables y el tratamiento de potabilización de las mismas. Esta obligación viene establecida en el Real Decreto 1138/1990, de 14 de septiembre, por el que se establece la Reglamentación Técnico Sanitaria para el abastecimiento y control de la calidad de las aguas potables de consumo público (RTS de aguas).

Por su parte la administración sanitaria de la Junta de Andalucía dispone de redes de vigilancia de las infraestructuras, desinfección y potabilidad de las aguas destinadas al consumo humano. Estas redes afectan a cuatro ámbitos de actuación:

- Sistemas de abastecimientos públicos.
- Fuentes públicas no conectadas a la red.
- Distribución móvil de agua potable.
- Establecimientos públicos no conectados.

En el presente capítulo de presentan los resultados obtenidos durante el año 2001 correspondientes a la vigilancia sanitaria de las aguas de los sistemas de abastecimiento públicos y abastecimientos no conectados a las redes municipales, en los municipios de las Comarcas del Valle del Guadalhorce y Serranía de Ronda.

El marco de actuación de las actividades de vigilancia y control sanitario de aguas se concreta en el programa de aguas potables de consumo público instaurado por la Dirección General de Salud Pública y Participación de la Consejería de Salud.

Dicho programa persigue los siguientes objetivos generales:

- Garantizar el suministro de agua potable a la población andaluza.
- Evitar el riesgo sanitario derivado del consumo de agua contaminada.
- Asesoramiento y cooperación con Ayuntamientos y empresas abastecedoras.

Durante el año 2001 se realizaron 45 inspecciones a sistemas públicos de abastecimientos de aguas, poniéndose de manifiesto que el 95 % presentaba alguna deficiencia.

Se realizaron 1.680 análisis de las aguas, resultando no potables el 5,4% de los casos. Asimismo se hicieron 4.372 controles de desinfección en el agua, de los que el 18,21% resultaron incorrectos, ya sea por exceso de cloración o por la ausencia en el agua de desinfectante libre residual.

A continuación se presentan en formato de tablas y gráficos los resultados de la vigilancia y control sanitario de las aguas de consumo público.

TABLA nº 1. ANÁLISIS DE DESINFECCIÓN Y POTABILIDAD

Año	Desinfección	Potabilidad
1999	7.250	2.321
2000	3.587	1.182
2001	4.372	1.680

TABLA nº 2. ANÁLISIS DE LA POTABILIDAD

Año	Valle del Guadalhorce	Serranía de Ronda
1999	1.196	1.125
2000	595	587
2001	1.112	690

Análisis de la potabilidad

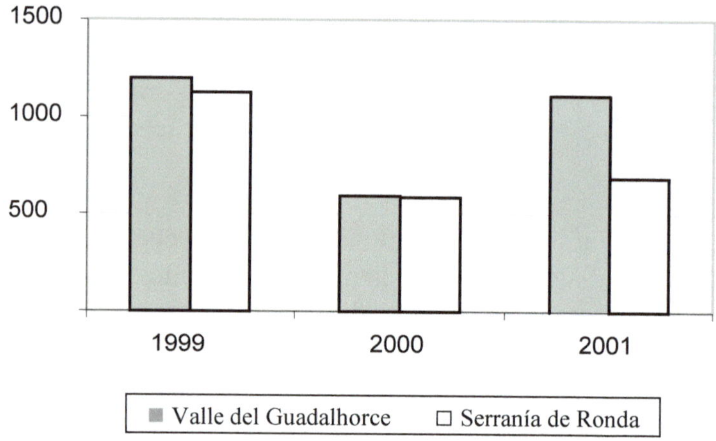

TABLA nº 3. ANÁLISIS DE LA POTABILIDAD. PORCENTAJES NO POTABLES

Año	Valle del Guadalhorce	Serranía de Ronda
1999	2,09	4,98
2000	2,02	2,73
2001	6,65	5,22

Resultados de análisis no potables

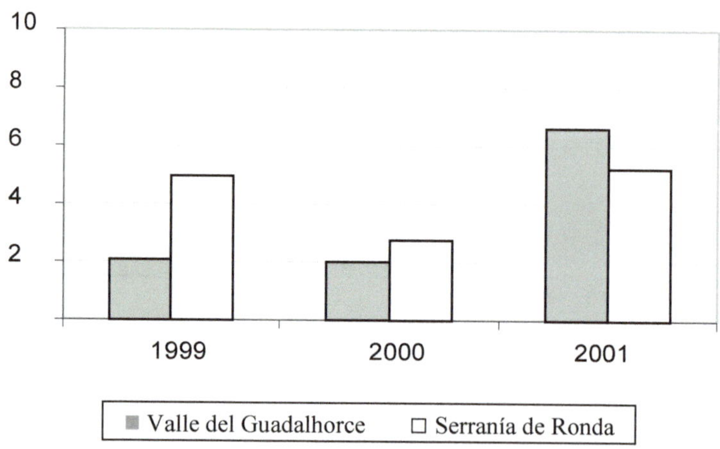

TABLA nº 4. ANÁLISIS DE DESINFECCIÓN

Año	Valle del Guadalhorce	Serranía de Ronda
1999	4.372	7.250
2000	2.357	1.230
2001	1.731	1.048

Análisis de la desinfección

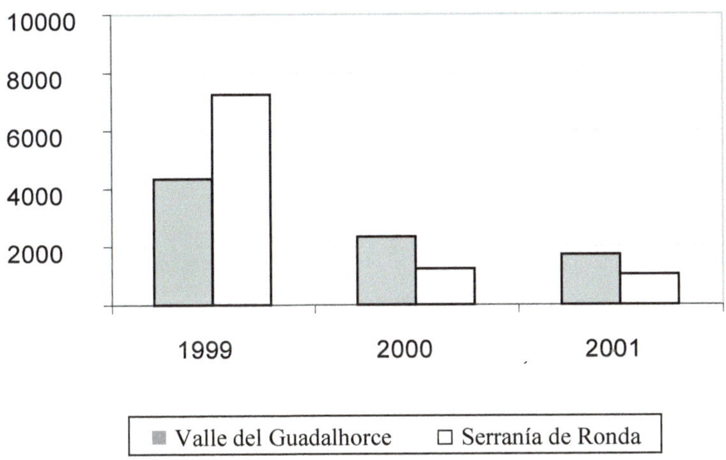

TABLA nº 5. ANÁLISIS DE DESINFECCIÓN. PORCENTAJES NULOS

Año	Valle del Guadalhorce	Serranía de Ronda
1999	14,30	10,10
2000	17,23	28,94
2001	19,87	24,91

Casos de ausencia de desinfección

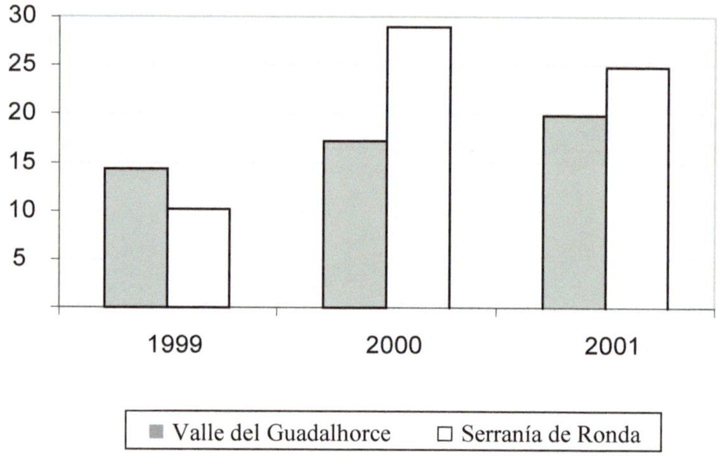

No existe una tendencia en la mejora de las garantías sanitarias de la desinfección de las aguas. De los controles de desinfección realizados, entre el 20-25% indicaron que las aguas no estaban desinfectadas. Con estos datos puede afirmarse sin reservas que la gestión de los abastecimientos públicos es deficiente, ya que al menos no se está asegurando que la población recibe un suministro de agua sanitariamente seguro en todo momento.

Es evidente que en estas condiciones, contaminaciones microbianas de las aguas pueden derivar en la aparición de brotes epidémicos. En efecto, durante los años 2000 y 2001 se declararon dos brotes de gastroenteritis con unas tasas de ataque comprendidas entre el 7-10% del total de la población. Las causas de los brotes residieron en el consumo de agua distribuida en la red municipal que estaba contaminada bacteriológicamente. En ambos municipios el sistema de desinfección era manual y presentaba un funcionamiento deficiente e irregular. El origen de la contaminación no reside en una única causa sino que existían varios factores que explicaban la situación creada: ausencia de perímetros de protección de las captaciones, suciedad en los depósitos generales, estado deficiente de las redes de abastecimiento y un mal funcionamiento de los sistemas de desinfección.

Analizando el porcentaje de casos en que las aguas no están desinfectadas, resulta que son 23 núcleos de población los que en más del 50% de los controles de las aguas realizados por el Servicio Andaluz de Salud se puso de manifiesto que las aguas no se encontraban debidamente desinfectadas.

Por tanto la situación requiere de manera inmediata la mejora de las instalaciones de tratamiento de potabilidad de las aguas así como la implantación de sistemas de autocontrol que incluyan procedimientos de limpieza, desinfección y mantenimiento de las instalaciones así como la vigilancia diaria de los niveles de desinfección.

Dentro de estas medidas correctoras merece especial mención la sustitución de los sistemas manuales de desinfección (adición manual de pastillas de hipoclorito cálcico) por sistemas automáticos en continuo. Es paradójico como los sistemas manuales están expresamente prohibidos en piscinas de uso colectivo[2] y se permiten en sistemas públicos de abastecimientos de aguas potables a toda una población. Tampoco caben excusas de índole económica, cuando las tecnologías disponibles son baratas y seguras.

TABLA nº 6. ANÁLISIS DE DESINFECCIÓN. PORCENTAJES DE EXCESO DE DESINFECTANTES

Año	Valle del Guadalhorce	Serranía de Ronda
1999	1,99	1,13
2000	1,36	3,66
2001	3,41	12,6

[2] *Artículo 22 del Decreto 23/1999, de 23 de febrero, por el que se aprueba el reglamento sanitario de piscinas de uso colectivo.*

Casos de exceso de desinfección

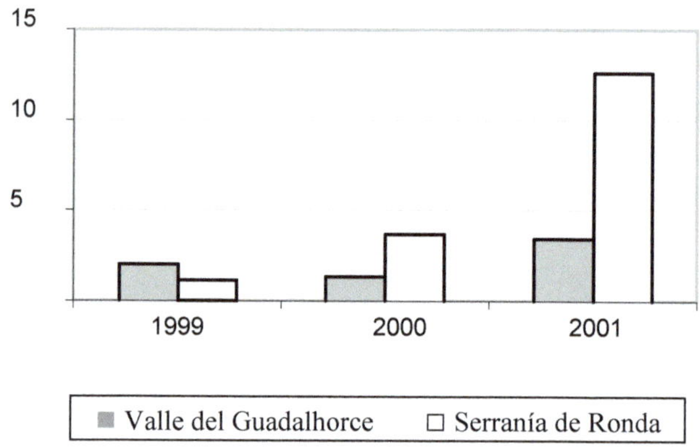

No sólo la ausencia de desinfección de las aguas supone una falta de garantías sanitarias, también el exceso de cloración de las aguas implica un riesgo para la salud del consumidor ya que niveles de cloro libre residual superiores a 1 mg/litro en las aguas de bebida pueden producir intoxicaciones.

Con ello se pone de manifiesto que los sistemas de desinfección además de ser seguros y eficaces, deben ser precisos, es decir, la dosificación del desinfectante no debe rebasar unos límites de seguridad para la salud de la población. En Andalucía, las concentraciones permitidas de cloro libre residual en aguas de la red están fijadas en 0,2-0,8 mg/litro, pudiendo autorizarse hasta 1 mg/litro en los depósitos.

En el 100% de los municipios el desinfectante utilizado es el hipoclorito en forma líquida o sólida.

Destaca que en 8 municipios, los controles de desinfección realizados, en más del 25% de los casos, detectaron concentraciones de cloro libre residual superiores a las permitidas. Las causas de estas desviaciones ya fueron apuntadas previamente.

TABLA nº 7. MUNICIPIOS CON CASOS DE NO POTABILIDAD

Año	Contaminación microbiana	Exceso de cloro
1999	19	28
2000	11	21
2001	23	36

TABLA nº 8. PORCENTAJE DE MUNICIPIOS CON CASOS DE NO POTABILIDAD

Año	Contaminación microbiana	Exceso de cloro
1999	52,77	77,77
2000	30,55	58,33
2001	63,88	100

Casos de no potabilidad

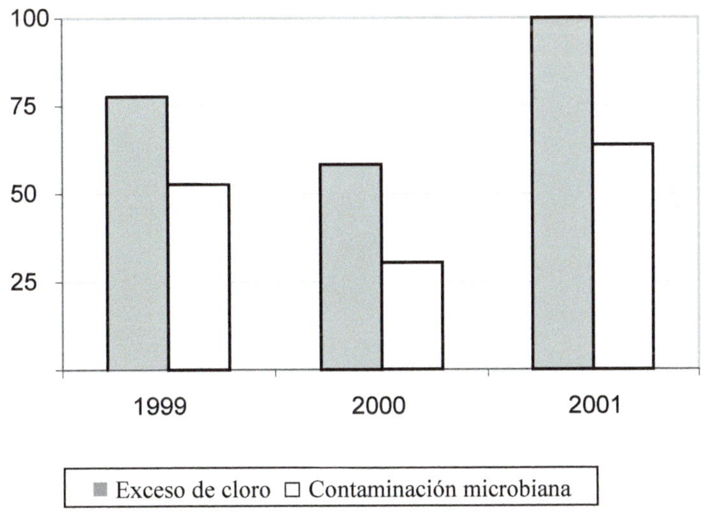

En 47 ocasiones se han detectado situaciones de no potabilidad, que afectan a un total de 27 entidades de población, circunstancias equivalentes a las ocurridas el pasado año.

En 28 entidades de población, al menos en una ocasión se ha detectado contaminación microbiana. En 18 entidades, la contaminación fue de origen fecal. A tenor de estos indicadores no debe sorprender la aparición de brotes epidémicos si no se erradican estos problemas.

5. EXCEPCIÓN SANITARIA DE LAS AGUAS DE CONSUMO

La Comunidad Autónoma puede autorizar excepciones a las concentraciones máximas admisibles de determinados parámetros presentes en el agua en cuatro supuestos:

a) Cuando deban ser tenidas en cuenta situaciones relativas a la naturaleza y a la estructura de los terrenos del área de la que depende el recurso hídrico considerado, precisando los motivos de la excepción.

b) Cuando deban ser tenidas en cuenta situaciones relativas a determinadas circunstancias meteorológicas excepcionales, precisando los motivos de la excepción.

c) En el caso de circunstancias accidentales graves, precisando los motivos y la duración probable de dichas excepciones.

d) Por razón de circunstancias que obliguen a recurrir, para el suministro de agua potable, a un agua superficial que no alcance las concentraciones imperativas del tipo de agua A3, conforme al anexo II de la Orden de Obras Públicas y Urbanismo de 11 de mayo de 1988 y que además, no hagan posible la puesta en práctica de un tratamiento adecuado para obtener, a partir de tal agua superficial utilizada, un agua potable, precisando los motivos y la duración probable de la excepción.

Durante el año 2001, los parámetros sujetos a estudio de excepción en el ámbito territorial de este trabajo son el magnesio, determinado en tres entidades de población, y los sulfatos, determinados en dos entidades. El origen de estos compuestos reside en la naturaleza de los terrenos asociados al agua utilizada como suministro y no suelen estar presentar verdaderos problemas de salud pública. Sólo en el caso de los sulfatos es necesario adoptar recomendaciones para los consumidores por la susceptibilidad de producir trastornos gastrointestinales y por sus propiedades corrosivas en concentraciones superiores a los 300 mg/litro.

6. REGISTRO SANITARIO DE EMPRESAS ABASTECEDORAS

Las empresas abastecedoras de aguas potables quedan sujetas al requisito de inscripción en el registro sanitario de alimentos, que es el órgano administrativo cuya finalidad es proteger la salud pública y que está regulado por el Real Decreto 1712/1991, de 29 de noviembre, sobre Registro General Sanitario de Alimentos.

En este sentido, sólo los Ayuntamientos de Alhaurín el Grande y Casarabonela cumplen con esta obligación.

Con carácter anual, al menos en una ocasión son inspeccionados todos los sistemas de abastecimiento públicos, donde se valoran requisitos técnico-sanitarios de las instalaciones, personal y registros conforme a lo establecido en la Reglamentación Técnico Sanitaria de Aguas.

Durante el año 2001 se realizaron 50 inspecciones a 45 sistemas de abastecimientos, cuyas principales deficiencias se presentan en el cuadro siguiente:

TABLA nº 9. ANOMALÍAS DETECTADAS. PORCENTAJE SISTEMAS DE ABASTECIMIENTO

Tipo de Deficiencia	**% ABASTECIMIENTOS**
Ayuntamientos que no realizan autocontroles de potabilidad	**95,55**
Personal técnico sin carnet de manipulador	**51,11**
Estado de limpieza incorrecto (captación, conducción, tratamiento y/o almacenamiento)	**48,88**
Carencia de libro oficial de registro de controles analíticos e incidencias	**40**
Riesgos de contaminación en alguna parte del sistema (captación, conducción, almacenamiento y/o red de distribución)	**35,55**
Funcionamiento del sistema de desinfección incorrecto	**24,44**
Cortes de suministro	**13,33**

6. ABASTECIMIENTOS ALTERNATIVOS

Los abastecimientos no conectados a redes municipales comprenden los establecimientos e industrias que se abastecen con recursos propios, urbanizaciones o entidades de población no constituidas como empresas abastecedoras y las fuentes públicas.

Es bien conocido el hábito popular de acudir a fuentes públicas no sometidas a tratamiento de potabilización, por la creencia de que el agua en su estado natural está libre de peligros y presenta una mejor calidad que la suministrada en núcleos urbanos. El rechazo de agua con sabor a cloro determina el consumo de agua mineral envasada y también el agua procedente de fuentes no conectadas, no por ello, exentas de riesgos sanitarios en la gran mayoría de los casos.

En la siguiente tabla se presentan los resultados de vigilancia y calificación sanitaria de las aguas procedentes de fuentes no conectadas obtenidos durante el año 2001.

TABLA nº 10. ANÁLISIS EN FUENTES NO CONECTADAS

Análisis de potabilidad	**NÚMERO**
Nº Análisis conformes	120
Nº Análisis no conformes	177
Total	**297**

TABLA nº 11. CALIFICACIÓN SANITARIA DE FUENTES

Calificación de Fuentes	**NÚMERO**
POTABLES	15
NO POTABLES	43
NO CALIFICADAS	26
Total Fuentes vigiladas	**58**

La valoración de la potabilidad del agua de una fuente pública no conectada hidráulicamente a un sistema de abastecimiento de agua potable de consumo público se realizará mediante la determinación de los caracteres correspondientes a un análisis-tipo mínimo (artículo 23.1 de la RTS de aguas). El número de estos análisis, efectuados sobre muestras representativas del recurso hídrico, será, como mínimo, de cuatro al año, con un intervalo recomendado entre tomas de muestras sucesivas de tres meses.

Cuando no es posible obtener estas cuatro muestras en el año, la fuente queda sin calificar, si bien los antecedentes de calidad sanitaria del agua de la fuente determinan la recomendación de su consumo o no por los usuarios.

Del total de fuentes vigiladas el 74,14 % han resultado no potables, principalmente debido a contaminación microbiana y/o por nitratos.

Las principales anomalías que se detectan en las fuentes no conectadas son:

- falta de rotulación que permita mantener informada a la población sobre la no potabilidad del agua.

- Rotulación no oficial con información confusa: "agua no clorada", donde no queda constancia de la potabilidad del agua. Esta información puede ser interpretada como una invitación al consumo de agua sin sabor a cloro, pero con alto riesgo de contraer enfermedades transmitidas por el agua contaminada.

También son frecuentes los brotes de gastroenteritis asociados a fuentes públicas. En concreto durante el 2001 se han declarado dos brotes epidémicos atribuidos al consumo de aguas procedentes de fuentes no conectadas.

En los establecimientos públicos e industrias que utilizan abastecimientos propios, en el 54,2 % de los casos se ha detectado aguas no potables debido a falta de funcionamiento o fallos en el sistema de desinfección.

TABLA nº 12. VIGILANCIA SANITARIA EN ESTABLECIMIENTOS NO CONECTADOS

Tipo de Establecimiento	Número de controlados	Potables	No Potables
Camping	4	4	1
Urbanización	5	74	1
Residencia, Hotel, Hostal...	2	2	1
Bar, Restaurante, Mesón...	20	11	12
Otros	11	4	18
Total	**42**	**95**	**33**

Las Administraciones local y autonómica tienen el reto de mejorar la gestión del abastecimiento del agua potable, y para ello, no hay que empezar por las grandes inversiones en infraestructuras sino por la voluntad negociadora en la solución de los aspectos básicos que aseguren la calidad sanitaria del agua suministrada a la población andaluza.

CAPÍTULO III

ZONAS DE BAÑO CONTINENTALES

8. VIGILANCIA SANITARIA DE ZONAS DE BAÑO

La Estrategia Regional Europea "Salud para Todos" establece en su objetivo nº 20: "La contaminación de ríos, lagos y mares no deberá constituir una amenaza para la salud humana".

La regulación de la calidad de las aguas de baño continentales queda establecida en el Real Decreto 734/1988, de 1 de julio, por el que se establecen Normas de Calidad de las Aguas de Baño, resultado de la transposición al Estado Español de la Directiva Europea 76/160/CEE.

En Andalucía la Consejería de Salud es el órgano competente en materia de vigilancia sanitaria de las aguas recreativas, mientras que corresponde al Ministerio de Medio Ambiente, a través de los Organismos de cuenca, la regulación y control de vertidos al Dominio Público Hidráulico.

La Ley 2/1998, de 15 de junio, de Salud de Andalucía, atribuye a los Ayuntamientos la responsabilidad en la vigilancia y control del uso de las zonas de baño, por tanto, corresponde a cada municipio el mantenimiento de las condiciones de limpieza, mantenimiento e higiene de las instalaciones de las zonas de baño.

La red de vigilancia de aguas de baño es implementada por el Servicio Andaluz de Salud a través de inspectores sanitarios de las unidades de salud ambiental de los Distritos Sanitarios.

A continuación se presenta la relación de puntos de muestreo de cada zona de baño censadas en las comarcas del Valle del Guadalhorce y la Serranía de Ronda:

TABLA nº 13. PUNTOS DE MUESTREO

Municipio	Zona de Baño	Punto de Muestreo
ALGATOCIN	RÍO GENAL	PUENTE SAN JUAN
GAUCIN	RÍO GENAL	CHARCA BADILLO
JUBRIQUE	RÍO GENAL	CHARCO PICAO
ARDALES	EMBALSE CONDE DEL GUADALHORCE	CAMPING
ARDALES	EMBALSE CONDE DEL GUADALHORCE	KIOSCO

Los resultados globales sobre actividades de vigilancia y control analítica se presentan en la siguiente tabla.

TABLA nº 14. ACTIVIDAD ANALÍTICA

Zona de baño	Nº puntos	Nº muestreos	Nº Análisis microbiológicos	Nº Análisis macroscópicos
Río Genal	3	45	135	210
Embalse Conde del Guadalhorce	2	22	64	110

Fuente y elaboración: Distrito Sanitario Coin-Guadalhorce. Servicio Andaluz de Salud.

Desde el punto de vista de las enfermedades infecciosas, la investigación de la contaminación fecal de las aguas juega un papel determinante. Por ello los análisis microbiológicos de las aguas incluyen a los grupos de bacterias coliformes totales, coliformes fecales y estreptococos fecales. Estos indicadores son ampliamente utilizados como los parámetros más adecuados para indicar el riesgo de contraer una enfermedad de tipo entérico.

Los métodos de análisis son los especificados en el Real Decreto 734/1998. Los límites establecidos para estos parámetros en la norma española que regula la calidad de las aguas de baño son:

TABLA nº 15. NORMAS DE CALIDAD MICROBIOLÓGICAS

Parámetro	Nivel guía	Imperativo legal
Coliformes totales ufc/100 ml	500	10.000
Coliformes fecales ufc/100 ml	100	2.000
Estreptococos fecales ufc/100 ml	100	---

Fuente: Real Decreto 734/1988, de 1 de julio, por el que se establecen normas de calidad de las aguas de baño (BOE nº 167 de 13 de julio)

Como procedimiento para la vigilancia de la contaminación química de las aguas se ha adoptado la inspección visual para buscar indicios de alteraciones físico-químicas, seleccionándose para ello los análisis macroscópicos de los parámetros color, aceites minerales, sustancias tensioactivas, olor a fenol y sólidos flotantes.

La frecuencia de toma de muestras es quincenal durante la temporada de baño (junio a septiembre), si bien esta frecuencia es semanal en caso de que se superen los imperativos legales de los indicadores de contaminación o bien se detecten deficiencias que puedan comprometer la calidad del agua (vertidos, condiciones meteorológicas, modificación del cauce,...).

La clasificación sanitaria de la calidad de las aguas de baño se realiza atendiendo al grado de cumplimiento de la normativa vigente y a las instrucciones del Ministerio de Sanidad y Consumo, resultando las siguientes categorías:

TABLA nº 16. CATEGORÍAS DE CALIDAD DEL AGUA

Clasificación del agua	Calificación
TIPO 2	BUENA
TIPO 1	ACEPTABLE
TIPO 0	NO RECOMENDABLE

El número obligatorio de muestras para poder calificar las aguas es de nueve: una muestra quince días antes del comienzo de la temporada de baño y ocho durante la temporada (1 de junio al 30 de septiembre).

TABLA nº 17.CLASIFICACIÓN SANITARIA.TEMPORADA 2001

Municipio	Zona de baño	Punto de muestreo	Calificación
ALGATOCÍN	RÍO GENAL	PUENTE SAN JUAN	0
GAUCIN	RÍO GENAL	CHARCA BADILLO	0
JUBRIQUE	RÍO GENAL	CHARCO PICAO	0
ARDALES	EMBALSE DEL GUADALHORCE	CAMPING	1
ARDALES	EMBALSE DEL GUADALHORCE	KIOSCO	1

TABLA nº 18. EVOLUCIÓN CALIFICACIÓN SANITARIA DURANTE EL PERÍODO 1999-2001

Año	AGUAS 2	AGUAS 1	AGUAS 0
1999	0	2	2
2000	0	3	2
2001	0	2	3

Asimismo durante el período 1995-2000 han sido suprimidos de la red de vigilancia de las aguas de carácter marítimo, siete puntos de muestreo debido a la ausencia de caudal de agua y a la mala calidad de las aguas para el baño.

TABLA nº 19. PUNTOS DE BAÑO ELIMINADOS

MUNICIPIO	**ZONA DE BAÑO**	**PUNTO DE MUESTRO**
ARDALES	EMBALSE DEL GUADALHORCE	MORENITO
CÁRTAMA	RÍO GUADALHORCE	RIBERA
CÁRTAMA	RÍO GRANDE	PUENTE
GUARO	RÍO GRANDE	SAN ISIDRO
BENAOJAN	RÍO GUADIARO	CHARCO DE LA BARRANCA
JIMERA DE LÍBAR	RÍO GUADIARO	LA ERMITA
JIMERA DE LÍBAR	RÍO GUADIARIO	VENTA DEL REY

TABLA nº 20. RESULTADOS DE INFORMES SANITARIOS

Vertidos sin depurar de aguas residuales urbanas a 8 Km de la zona de baño.
No hay papeleras ni contenedores disponibles
No hay señalizaciones para los usuarios
Presencia de residuos urbanos en orillas y riberas
No se realiza vigilancia por parte de los servicios municipales

Sin necesidad de caer en "alarmismos", no sólo es patente el deterioro de los recursos hídricos sino también el progresivo empeoramiento de la calidad sanitaria de las aguas, fundamentado tanto en el incumplimiento de los imperativos legales de los parámetros microbiológicos como en la superación permanente de los niveles guías recomendados que establece la normativa de calidad de aguas de baño para las características microbiológicas de las aguas.

En cuanto a las causas de este deterioro se apuntan los vertidos de residuos procedentes de explotaciones porcinas y los derivados de las aguas residuales de poblaciones que carecen de tratamientos depuradores para sus efluentes.

CAPÍTULO IV

ESTABLECIMIENTOS PÚBLICOS NO ALIMENTARIOS

9. VIGILANCIA DE PISCINAS Y OTROS ESTABLECIMIENTOS PÚBLICOS

La gran variedad de actividades recreativas, turísticas e industriales que se desarrollan actualmente hacen necesaria la vigilancia y control de los establecimientos y lugares donde se realizan, motivado por los problemas de salud asociados con la utilización de los mismos.

Desde hace tiempo problemas como la emisión de humos, olores, ruidos, vibraciones, residuos urbanos, accidentes, etc preocupan cada vez más al ciudadano y se demandan soluciones al respecto.

La Consejería de Salud a través del programa de vigilancia sanitaria de establecimientos públicos no alimentarios (EPNAS) persigue evitar cualquier riesgo o repercusión sobre la salud o el medio ambiente que rodea al hombre en aquellos edificios y locales donde se desenvuelve la actividad humana.

No existen criterios higiénico-sanitarios con base legal para la gran mayoría de los establecimientos públicos, lo que sin duda dificulta las actuaciones de vigilancia y control de la Administración y, por su parte, crea inseguridad jurídica en el administrado por no saber a qué criterio adecuarse.

El Reglamento de actividades molestas, nocivas, insalubres y peligrosas regulado por Decreto 2414/1961, de 30 de noviembre, fijaba como requisito un informe sanitario de carácter preceptivo y vinculante para la concesión de la licencia municipal de apertura.

Con las transferencias a la Comunidad Autónoma de Andalucía de las competencias sobre protección del medio ambiente, la entrada en vigor de la Ley 7/1994, de Protección Ambiental y su correspondiente desarrollo reglamentario, deja de aplicarse en Andalucía el citado Decreto, y en consecuencia, deja de ser preceptivo el informe sanitario para la concesión de las licencias municipales, pasando a tener el carácter de facultativo y no vinculante.

En el ámbito de la Administración local son las ordenanzas municipales los instrumentos legales que regulan las condiciones sanitarias de los establecimientos públicos, si bien en los núcleos rurales del área de estudio la falta de regulación sigue siendo una asignatura pendiente.

Las actuaciones de vigilancia y control se han priorizado en piscinas, parques acuáticos y campamentos de turismo público. Ahora bien sólo las piscinas disponen de un reglamento elaborado por la Consejería de Salud de la Junta de Andalucía, por su parte los campamentos están regulados por la Consejería de Turismo y Deportes, mientras que los parques acuáticos disponen de una normativa dictada por la Consejería de Gobernación, administración con competencias en materia de espectáculos públicos y actividades recreativas.

Se han desarrollado labores de inspección en alojamientos turísticos, peluquerías, pubs, instalaciones deportivas, etc sobre todo en respuesta a peticiones de informes sanitarios por parte de los Ayuntamientos para la concesión de la licencia municipal de apertura..

Durante el año 2001 han sido inspeccionados un total de **398** establecimientos públicos no alimentarios, realizándose **449** visitas inspectoras, lo que ha puesto de manifiesto que el **34,67%** de los establecimientos tenían alguna deficiencia.

Se realizaron **127** inspecciones a piscinas de uso colectivo y **10** a campamentos de turismo.

TABLA nº 21. ACTIVIDADES DE VIGILANCIA SANITARIA

Tipo de establecimiento	Nº EPNAS censados	Nº EPNAS inspeccionados	Nº EPNAS deficientes
Piscinas	79	79	73
Campamentos	15	10	7
Parques acuáticos	0	0	0
Total	**94**	**89**	**80**

TABLA nº 22. TIPO DE PISCINA VIGILADA

	Nº inspeccionadas	Nº deficientes
Públicas	24	22
Urbanizaciones y/o apartamentos	6	5
Sociedades y clubs	5	5
Hoteles y/o alojamientos turísticos	29	26
Campamentos y/o camping	6	5
Restaurantes y ventas	6	6
Otros	3	3
Total	**79**	**73**

TABLA nº 23. DEFICIENCIAS DETECTADAS

	PISCINAS	CAMPAMENTOS
Nº deficiencias leves	436	26
Nº deficiencias graves	228	1
Nº deficiencias muy graves	3	0
Total	**667**	**27**

Con la información expuesta hasta el momento destaca que el 92,4% de las piscinas visitadas presenta alguna deficiencia sanitaria, la gran mayoría de carácter leve, es decir, sin repercusión directa en la seguridad y salud de los bañistas. Como podrá apreciar el lector, se trata de una cifra llamativa ya que significa que sólo el 7,6% de las piscinas inspeccionadas en dos comarcas que agrupan a 36 municipios cumple en su totalidad con la normativa sanitaria de piscinas.

Pero además el número de deficiencias es muy elevado, de manera que el promedio de anomalías por cada piscina se sitúa en mas de nueve deficiencias por piscina. Esto puede llevar a pensar que el reglamento de piscinas es muy exigente o de difícil cumplimiento por el coste de implantar los requisitos, por la carencia de infraestructuras en el mercado, dificultad técnica de adecuación, etc.

Sin embargo esta presunción no es cierta como puede comprobarse en la siguiente tabla que presenta la relación de deficiencias en función de la gravedad de las mismas.

TABLA nº 24. DEFICIENCIAS LEVES EN PISCINAS

TIPO DE INFRACCIÓN	PISCINAS (%)
Ausencia de sistemas de medición en entrada y en la salida	71,05
No dispone de sistema mecanizado de dosificación	47,37
No está indicado el aforo	44,74
Carece de reglamento de régimen interno	36,84
Brazos de las escaleras con igual altura	30,26
No existe pediluvio o duchas de pie	28,95
Flotadores sin cuerda reglamentaria	28,95
No dispone del número de salvavidas reglamentario	25,00
Carece del número mínimo de duchas establecido	19,74
Playa con anchura mínima < 1 metro	18,42
No dispone de aseos	18,42

TABLA nº 24. DEFICIENCIAS LEVES EN PISCINAS (Cont.)

TIPO DE INFRACCIÓN	PISCINAS (%)
Parámetros físico-químicos incumplen imperativos legales	17,11
Faltan reactivos para el control analítico diario	15,79
Aseos no están debidamente dotados	15,79
Suciedad e incrustaciones en grifos	13,16
No acredita autorización de vertido de aguas del vaso	13,16
Carencia de papeleras	13,16
Estado higiénico-sanitario del recinto incorrecto	11,84
No dispone de armario botiquín	10,53
Escalinatas o rampas sin pasamanos	7,89
Botiquín no está debidamente dotado	7,89
Nº de skimmers insuficientes	7,89
No existe aislamiento en la manipulación de químicos	7,89
No dispone de vestuarios	7,89
Sin contenedores de residuos de cierre hermético	6,58
Condiciones favorecen proliferación de vectores nocivos	6,58
No dispone del nº mínimo de escaleras reglamentario	5,26
Escaleras no empotradas en su extremo superior	5,26
Vaso de chapoteo sin sistema depurador independiente	3,95
Malas condiciones higiénicas de la playa	3,95
Peldaños no planos, antideslizantes o inoxidables	3,95
Escalinatas o rampas sobresalen del plano de la pared	3,95
Paredes y suelos no antideslizantes, lisos o claros	2,63
Ciclo de depuración superior a 4 horas	2,63
Carece de agua potable	1,32
Profundidad del vaso infantil superior a 0,4 metros	1,32
Sistema de desagüe no permite el vaciado total	1,32

TABLA nº 25. DEFICIENCIAS GRAVES EN PISCINAS

TIPO DE INFRACCIÓN	PISCINAS (%)
No acredita disponer de licencia municipal de apertura	75
No tiene Libro de Registro debidamente diligenciado	48,68
No están señalizados los cambios de pendiente	31,58
Las escaleras sobresalen del plano de la pared	30,26
No se protegen los vasos al finalizar la temporada	22,37
Ausencia de cloro libre residual en agua del vaso	19,74
Exceso de cloro libre residual en agua del vaso	15,79
No se acredita estar en posesión de titulado socorrista	13,16
No dispone de informe favorable de las aguas de llenado	10,53
Libro no cumplimentado	10,53
Agua contaminada bacteriológicamente	9,21
Productos para el tratamiento no homologados	3,95
Sistema de desagüe no está protegido	1,32
Plano de ducha no antideslizante, de fácil limpieza	1,32
Presencia de canalillo lavapiés	1,32
Duchas de agua no potable sin rotular	1,32

TABLA nº 26. DEFICIENCIAS MUY GRAVES EN PISCINAS

TIPO DE INFRACCIÓN	PISCINAS (%)
No se imposibilita el reflujo o retrosifonaje a la red	3,95

Se realizaron controles de la calidad del agua del vaso en 36 piscinas, resultando que 13 un total de 13 parámetros no cumplían con los niveles exigidos reglamentariamente.

TABLA nº 27. DEFICIENCIAS EN LA CALIDAD DEL AGUA

ANÁLISIS REALIZADOS	NÚMERO
CONFORMES	15
NO CONFORMES	56
Totales	**71**

El 37,5% (21) de los análisis no conformes se explica por el uso de sistemas de desinfección basados en la adición de sal como agente desinfectante, lo que se traduce en el incremento del parámetro conductividad, que mide la capacidad que tienen las sales inorgánicas en solución (electrolitos) para conducir la corriente eléctrica.

Algunas Comunidades autónomas han modificado sus normativas dando cabida al uso de este tipo dosificadores de desinfectante, lo que reduce el uso y manipulación de productos químicos, y por tanto, minimiza los riesgos ambientales de origen químico y el coste económico es inferior.

TABLA nº 28. PARÁMETROS ALTERADOS

PARÁMETROS NO CONFORMES	Nº DE CASOS
Ausencia de cloro libre residual	15
Amonio	13
Exceso de cloro libre residual	12
pH	11
Contaminación microbiana	7

No existe una única causa que explique esta alta tasa de incumplimiento de la normativa, pero al menos la labor educativa realizada por los técnicos sanitarios de la Junta de Andalucía durante más de diez años impiden excusarse por el desconocimiento de los requisitos de seguridad y salud que este tipo de establecimientos debe reunir.

El porcentaje de deficiencias corregidas parcialmente, que no en su totalidad, asciende al 17 %. Quizá la falta de sensibilidad ante los temas sanitarios por parte de los titulares de los establecimientos o la relajación de las Administraciones responsables en exigir el cumplimiento de la norma, sean cuestiones a resolver para mejorar una situación que se repite cada temporada.

En cuanto al resto de establecimientos destacan como actividades más vigiladas los alojamientos turísticos, campamentos, peluquerías, pubs e instalaciones deportivas.

TABLA nº 29. ACTIVIDAD INSPECTORAS. OTROS EPNAS

	Nº inspecciones
Alojamientos turísticos	24
Balnearios	1
Droguerías	2
Estaciones de servicio	1
Instalaciones deportivas	3
Guarderías	1
Peluquerías y barberías	8
Pubs	3
Otros	183
TOTAL	**244**

TABLA nº 30. DEFICIENCIAS EN EPNAS

Ausencia de cloro libre residual Ausencia de botiquín de primeros auxilios Exceso de cloro libre residual en aguas de la red Papeleras sin tapadera Deficiencias en estado de suelos, paredes y techos Deficiencias en estado de conservación y limpieza de aseos

TABLA nº 31. DEFICIENCIAS EN CAMPAMENTOS

Fuente no potable no rotulada Carece de plan de evacuación No hay indicación de aforo Insuficiente número de papeleras No acredita licencia de apertura Número de lavabos y retretes insuficientes Dotación de aseos insuficiente Saneamiento de aseos atorado Tapa de arqueta de saneamiento está rota Ausencia de botiquín de primeros auxilios Ubicación de cocina inapropiada Fregaderos no protegidos adecuadamente Incrustaciones calcáreas en duchas y grifos Pilas de las fuentes de consumo atoradas Rotura de pieza de caldera Entradas de tuberías a depósitos de agua no son herméticas Clorador del agua de consumo fuera de servicio

CAPÍTULO V

LEGIONELOSIS

10. PREVENCIÓN Y CONTROL DE LA LEGIONELOSIS

La legionelosis es una enfermedad bacteriana aguda, producida por una bacteria llamada Legionella, de las que hay varias especies y serogrupos. La más frecuentemente hallada en seres humanos es la *Legionella pneumophila* serogrupo 1.

La transmisión de la enfermedad se produce por vía aérea, por inhalación de aerosoles contaminados procedentes de reservorios acuáticos, naturales o artificiales. El período de incubación suele ser de 3 a 10 días. La infección puede ser contraída de muy diversas fuentes ambientales, y no existen evidencias de diseminación persona a persona.

Existen dos manifestaciones clínicas de Legionelosis :

Enfermedad de los Legionarios: Enfermedad multisistémica, con neumonía rápidamente progresiva y que puede dar lugar a elevadas tasas de mortalidad.

Fiebre de Pontiac: De afectación pulmonar, menos virulenta, semejante a un cuadro gripal y autolimitada.

La incidencia de la Legionelosis pneumónica generalmente es baja (aproximadamente un 7%), no obstante, se debe considerar como una enfermedad de importancia sanitaria, debido a varios factores:

- Producción de brotes, en ocasiones con un elevado número de afectados, vinculado a edificios e otras instalaciones. El último brote descrito en España, el de Murcia en septiembre del 2001, se saldó con unas cifras de más de 800 pacientes atendidos y 4 muertos. Un brote relacionado con torres de refrigeración contaminadas que diseminaron la *Legionella pneumophila*, infectando a personas en espacios abiertos y concurridos.

- Tasa de letalidad que puede llegar a alcanzar el 15% de los casos. En la actualidad se reduce a menos de un 5%.

- Frecuente notificación de casos de "Legionelosis del viajero", que puede tener gran importancia en países de gran actividad turística.

La bacteria Legionella es capaz de sobrevivir un amplio rango de temperatura, multiplicarse entre 20 y 55ºC, con una temperatura óptima de crecimiento de 35-37ºC. Es sensible a la acción del cloro. Su desarrollo se favorece con la presencia de materia orgánica, óxidos y sales de hierro, depósitos de cal, algas, protozoos y otras bacterias, así como con la existencia de sedimentos, puntos muertos o obstrucciones de las tuberías.

El reservorio natural de la bacteria es el agua. Es capaz de sobrevivir en ambientes muy diversos, tanto naturales como artificiales. Estos medios artificiales se consideran en realidad como amplificadores y difusores de la Legionella.

Las alertas sanitarias ocurridas en los últimos años (Alcalá de Henares, Valencia, Murcia...) relacionadas con la legionelosis han despertado la preocupación de las autoridades sanitarias que han reforzado e intensificado las actividades de inspección de instalaciones de riesgo, su regulación normativa así como campañas informativas destinadas a titulares de estas instalaciones.

El Real Decreto 909/2001, de 27 de julio, establece en el estado español los criterios higiénico-sanitarios para la prevención y control de la legionelosis. A continuación se exponen las instalaciones que puedan ser susceptibles de convertirse en focos para la propagación de la enfermedad, y que se encuentran dentro del ámbito de aplicación de dicha normativa.

TABLA nº 32. INSTALACIONES DE RIESGO

1. Sistemas de agua caliente sanitaria: red y depósitos, acumuladores, calderas, calentadores.
2. Sistemas de agua fría de consumo humano: red y depósitos, tanques, aljibes, cisternas, pozos.
3. Torres de refrigeración.
4. Condensadores evaporativos y equipos de enfriamiento evaporativo.
5. Equipos de terapia respiratoria (respiradores, nebulizadores y otros equipos que entren en contacto con las vías respiratorias).
6. Humidificadores y humectadores.
7. Conductos de aire acondicionado.
8. Piscinas climatizadas con movimiento.
9. Instalaciones termales.
10. Fuentes ornamentales.
11. Sistemas de riego por aspersión.
12. Sistemas de agua contra incendios.
13. Elementos de refrigeración por aerosolización, al aire libre.
14. Otros aparatos que acumulen agua y puedan producir aerosoles.

En Andalucía los objetivos generales del programa de prevención y control de la legionelosis son:

I. Prevenir y controlar las infecciones causadas por la Legionella, en cuya transmisión juega un papel muy importante aquellas instalaciones que en su funcionamiento producen aerosoles.

II. Responder a las necesidades de los profesionales implicados en la instalación, mantenimiento, inspección y tratamiento sanitario de estas instalaciones.

En las comarcas del Valle del Guadalhorce y la Serranía de Ronda se seleccionaron todos los alojamientos turísticos que disponen de instalaciones de agua sanitaria.

Conviene destacar que no ha sido declarada ni se ha detectado durante las visitas de inspección ninguna torre de refrigeración o condensador evaporativo, de sistemas de aire acondicionado que utilizan en su funcionamiento la producción de aerosoles. Estas instalaciones han estado implicadas en los brotes de legionelosis declarados en los últimos años.

TABLA nº 33. ACTIVIDAD DE VIGILANCIA SANITARIA

	Nº centros inspeccionados	Nº centros deficientes	Nº inspecciones
Alojamientos turísticos	63	52	66

TABLA nº 34. DEFICIENCIAS DETECTADAS EN INSTALACIONES DE AGUA SANITARIA

Tipo de anomalía	Número
No disponer de planos de la red de aguas	29
Higiene de las instalaciones	2
Depósitos o acumuladores	9
Incrustaciones en difusores de grifos y duchas	5
Mantenimiento sin periodicidad	9
Ausencia de libro de mantenimiento	39
Control de Tª y cloro	31
TOTAL	**124**

La existencia de ramales ciegos y de escaso uso, donde se produce estancamiento del agua, favorece la creación de biofilms (agrupación de microorganismos adheridos a las paredes de los conductos del agua) donde la Legionella puede encontrar nutrientes para multiplicarse. Un diseño adecuado de la red de agua sanitaria debe evitar estos puntos de riesgo, cuya valoración hace necesario que los titulares de los establecimientos dispongan de planos actualizados de la red, que ha sido una deficiencia encontrada en el 46% de los alojamientos visitados.

La acumulación de limos en depósitos, productos de corrosión, incrustaciones calcáreas en tuberías, grifos y duchas, debido a un deficiente mantenimiento de las instalaciones, favorecen el crecimiento de la bacteria. Esta anomalía se ha localizado en el 14% de los establecimientos.

Con la reciente norma, todos los titulares de instalaciones de riesgo vienen obligados a implantar un programa de mantenimiento destinado a asegurar el correcto funcionamiento de sus instalaciones, así como el control de la calidad microbiológica y físico-química del agua, con el fin de que no representen un riesgo para la salud pública.

En el 14% de las inspecciones se ha puesto de manifiesto que se realizaba algún mantenimiento, incluyendo limpieza y desinfección de las instalaciones, pero sin una periodicidad determinada. Este hecho revela que las actuaciones que se realizan no están programadas, no se llevan a cabo por personal especializado y por tanto, no está definida una metodología de control de estos riesgos.

Asimismo es necesario disponer de un registro de operaciones de mantenimiento que debe estar siempre a disposición de las autoridades sanitarias responsables de la inspección de las instalaciones. Los registros deben de mantenerse actualizados para demostrar la conformidad de las actuaciones conforme a los requisitos técnico-sanitarios de la normativa.

La ausencia de un libro o registro de mantenimiento afecta al 61,9% de los alojamientos turísticos visitados. Se trata de la deficiencia más frecuente, y este hecho quizá tenga su explicación en la carencia de una cultura preventiva en salud pública, sin necesidad de recurrir al argumento de que la normativa ha sido muy reciente.

CAPÍTULO VI

SEGURIDAD QUÍMICA

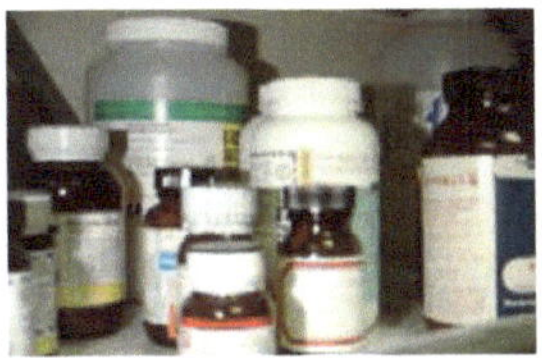

11 ESTABLECIMIENTOS Y SERVICIOS PLAGUICIDAS

El ritmo de crecimiento industrial ha determinado el incremento en la utilización de productos químicos en nuestra sociedad.

Las vías de exposición de la población a los productos químicos son muy variadas: medioambiente, productos alimentarios, uso doméstico, polución industrial, accidentes.

La Organización Mundial de la Salud advierte sobre la prevalencia de determinadas enfermedades asociadas a los productos químicos, y los efectos perjudiciales para el medio ambiente.

La utilización indiscriminada, controles oficiales insuficientes sobre su producción y comercialización, las malas prácticas agrícolas en el empleo de plaguicidas son algunos de los factores que inciden negativamente en la salud pública.

Por ello el control de los productos químicos es una prioridad para las instituciones públicas.

Especial mención merece el programa internacional de seguridad química (IPCS) promovido por tres organismos (OMS, OIT, PNUMA) que tiene dos objetivos principales: establecer la evaluación del riesgo para el medio ambiente y la salud como base para el uso seguro de productos químicos (función normativa) y fortalecer la capacidades de los países en materia de seguridad química (cooperación técnica).

En el ámbito de los productos químicos plaguicidas, la OMS implantó el programa de evaluación de pesticidas (WHOPES), que tiene dos componentes principales: la evaluación y asesoramiento de alternativas a los pesticidas existentes para su seguridad, eficacia, aceptabilidad y coste-eficiencia; y la normalización, desarrollo de especificaciones y métodos de análisis para asegurar la calidad del producto.

La Unión Europea ha regulado normativamente el control de la comercialización de sustancias y preparados peligrosos. Como resultado de la trasposición de estas Directivas europeas, en el estado español están vigentes los Reales Decretos 363/1995 y 1078/1993 sobre sustancias y preparados peligrosos, respectivamente. Con ello se pretende alcanzar unos niveles de seguridad para el medio ambiente, salud ocupacional y salud pública similar a los restantes países miembros.

La Comunidad autónoma de Andalucía se ha incorporado progresivamente al control sanitario de productos químicos, mediante la participación en proyectos europeos (SENSE y EUREX) así como en la instauración del programa de seguridad química desarrollado por la Consejería de Salud y el Servicio Andaluz de Salud. Este programa tiene dos vertientes de actuación: vigilancia sanitaria de establecimientos y servicios plaguicidas, y el control oficial de productos químicos peligrosos, cuyos resultados se analizan a continuación.

Durante 2001 se realizaron 43 inspecciones a 29 establecimientos plaguicidas, resultando que el 79,3% de los establecimientos presentaba alguna deficiencia. Los requisitos técnico sanitarios que regulan este tipo de actividad tienen como principal referente el Real Decreto 3349/1983, de 30 de noviembre, por el que se aprueba la Reglamentación Técnico Sanitaria para la fabricación. Comercialización y utilización de plaguicidas.

La fabricación, almacenamiento, comercialización, instalaciones y/o servicios de tratamientos de plaguicidas está sujeta al trámite preceptivo de inscripción de las empresas en el Registro Oficial de Establecimientos y Servicios Plaguicidas dependiente de la Consejería de Agricultura y Pesca.

TABLA nº 35. ESTABLECIMIENTOS REGISTRADOS POR RAMA Y ACTIVIDAD

	Fitosanitario	**Ganadero**	**Alimentaria**	**Ambiental**	**Total**
Comerciante con almacén	22	12	6	7	**23**
Aplicador con almacén	2	2	2	2	**2**
Aplicador sin almacén	2	1	1	1	**2**
Total	**23**	**13**	**8**	**9**	**25**

Nótese que un establecimiento puede ejercer varias actividades en distintas ramas, motivo por el que los totales reflejados se corresponden con el número real de establecimientos o servicios.

Las ramas principales son las de plaguicidas de uso fitosanitario y ganadero, hecho que se explica por el carácter agroganadero de las comarcas estudiadas.

TABLA nº 36. ESTABLECIMIENTOS NO REGISTRADOS POR RAMA Y ACTIVIDAD

	Fitosanitario	**Ganadero**	**Alimentaria**	**Ambiental**	**Total**
Comerciante con almacén	3	2	2	3	**4**
Aplicador con almacén	0	0	1	1	**1**
Total	**3**	**2**	**3**	**4**	**5**

TABLA nº 37. DEFICIENCIAS GENERALES

Tipo	Nº Establecimientos
No poseen Libro Oficial de Movimientos	4
Venta de plaguicidas a granel	1
Plaguicidas sin registro oficial	1
Comercializan plaguicidas tóxicos junto a piensos o alimentos	4

Todos los plaguicidas están sujetos a homologación por parte de los Ministerios de Sanidad y Consumo y Agricultura y Pesca, sin cuyo requisito no pueden ser comercializados.

Cuando los plaguicidas son clasificados como tóxicos o muy tóxicos se imponen condiciones más restrictivas en las condiciones de almacenamiento y comercialización, de manera que está prohibida la venta o almacenamiento de estos productos en establecimientos mixtos donde se comercialicen piensos o alimentos.

Los plaguicidas tóxicos y muy tóxicos se comercializan bajo un sistema de control basado en el registro de cada operación en un Libro Oficial de Movimientos (LOM).

TABLA nº 38. DEFICIENCIAS EN EL ALMACENAMIENTO

Tipo	Nº Establecimientos
Ventilación inadecuada	1
Ventilación sin salida al exterior	2
Los pisos no son lisos o fáciles de limpiar	6
Los plaguicidas no se encuentran cerrados y precintados en sus envases	1
Plaguicidas no separados adecuadamente de piensos y alimentos	1

Como norma general las anomalías que se presentan en los establecimientos son de carácter leve, y en su gran mayoría, se refieren al estado de conservación de pavimentos de suelos, paredes y techos.

Todas las empresas de tratamientos plaguicidas que prestan servicios a terceros son de pequeña entidad, estando integradas por menos de dos trabajadores y que cuentan con pequeñas infraestructuras (local comercial y vehículo) para el desarrollo de la actividad.

De los servicios aplicadores sólo una empresa cuenta con carné de manipulador del nivel cualificado, es decir, el exigido a los responsables de los tratamientos plaguicidas. Sólo hay una empresa cuyo personal auxiliar no disponen de carné de manipulador del nivel básico, requerido para realizar aplicaciones.

12. CONTROL OFICIAL DE SUSTANCIAS Y PREPARADOS PELIGROSOS

La intervención sanitaria se ha centrado en dos empresas: una elabora y/o comercializa productos para el tratamiento de aguas de piscinas, y la otra fabrica productos químicos de uso en la industria alimentaria.

En las inspecciones realizadas se han controlado las instalaciones de las industrias, cuyo resultado no ha puesto de manifiesto deficiencias significativas.

Por el contrario se seleccionaron dos sustancias y nueve preparados peligrosos para inspeccionar sus condiciones de comercialización, etiquetado y ficha de datos de seguridad, resultando que el 100% de los productos químicos incumplen la normativa vigente.

El resumen de deficiencias detectadas se presenta en las siguientes tablas:

TABLA nº 39. SUSTANCIAS PELIGROSAS

TIPO Y Nº DEFICIENCIAS	
Nº DE SUSTANCIAS PELIGROSAS/EMPRESA	**2**
FICHA DE DATOS DE SEGURIDAD (FDS)	
Carece de FDS	**0**
FDS no está en castellano	**0**
La información es incompleta (faltan epígrafes)	**0**
La información es incorrecta (omisión, errores)	**0**
ETIQUETADO	
Carece de etiqueta	**0**
Etiqueta no está en castellano	**0**
Incompleto por:	
Faltan frases de Riesgo	**0**
Faltan frases S (Consejos de prudencia)	**2**
Faltan pictogramas	**0**
Faltan datos del responsable de la comercialización	**0**
Faltan el Nº CE y/o la leyenda "Etiqueta CE"	**2**
Falta el nombre de la sustancia	**1**
Otros	**0**
Incorrecto por:	
Frases R y S no se ajustan a lo normalizado	
Hay indicaciones como "no tóxico", "inocuo" o análogos	**0**
Símbolos e indicaciones de peligro no conformes al Anexo II	**0**
Etiqueta impide que los símbolos de peligro destaquen	**0**
Símbolos no están en negro con fondo naranja	**1**
Otros	**2**

TABLA nº 40. PREPARADOS PELIGROSOS

TIPO Y Nº DEFICIENCIAS	
Nº DE PREPARADOS PELIGROSAS/EMPRESA	**9**
FICHA DE DATOS DE SEGURIDAD (FDS)	
Carece de FDS	**9**
FDS no está en castellano	---
La información es incompleta (faltan epígrafes)	---
La información es incorrecta (omisión, errores)	---
ETIQUETADO	
Carece de etiqueta	**0**
Etiqueta no está en castellano	**0**
Incompleto por:	
Faltan frases R	**7**
Faltan frases S	**2**
Faltan pictogramas	**2**
Faltan datos del responsable de la comercialización	**0**
Faltan el Nº CE y/o la leyenda "Etiqueta CE"	---
Falta el nombre de la sustancia	---
Otros	**6**
Incorrecto por:	
Frases R y S no se ajustan a lo normalizado	**6**
Hay indicaciones como "no tóxico", "inocuo" o análogos	**0**
Símbolos e indicaciones de peligro no conformes al Anexo II	**5**
Etiqueta impide que los símbolos de peligro destaquen	**0**
Símbolos no están en negro con fondo naranja	**9**
Otros	**9**

Durante el curso de las inspecciones a establecimientos públicos (alimentarios y no alimentarios) se ha intervenido en un total de 6 alertas químicas relacionadas con productos químicos comercializados con deficiencias normativas que pueden entrañar riesgos para la salud del usuario:

TABLA nº 41. ALERTAS DE PRODUCTOS QUÍMICOS

USO DEL PRODUCTO	**DEFICIENCIA**
Regulador del pH de aguas de piscinas	No homologado
Alguicida para aguas de piscinas	No homologado
Desinfectante de uso ambiental	No homologado
Desinfectante para frutas	No homologado
Desinfectante de uso en la industria alimentaria	No homologado
Insecticida de uso ambiental	Efectos tóxicos para la reproducción

En todos los casos se procedió a su retirada del mercado y re-expedición al fabricante con objeto de que no serán comercializados hasta que el fabricante o responsable de la comercialización acrediten el cumplimiento de la normativa de aplicación.

Otros instrumentos de actuación que repercuten positivamente en la reducción del riesgo son: prohibiciones o restricciones de uso, códigos de buenas prácticas de manipulación, acuerdos voluntarios e financiación a industrias para la sustitución por productos menos peligrosos, etc.

Existe consenso respecto a la necesidad de vigilar y controlar el uso de productos químicos desde el punto de vista medioambiental y humano. El grado de cumplimiento de la normativa de productos químicos dependerá de la coordinación entre los diferentes ámbitos territoriales de las Administraciones así como la cooperación de empresas químicas.

CAPÍTULO VII

BIBLIOGRAFÍA

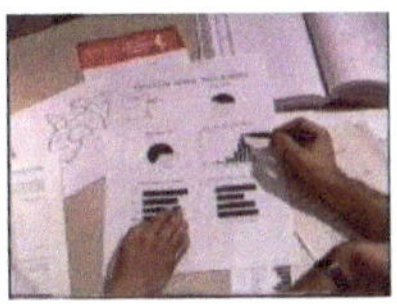

BIBLIOGRAFÍA

AEMA, Agencia Europea de Medio Ambiente (2000). El Medio Ambiente en Europa: segunda evaluación. Capítulo 6. Productos químicos. AEMA, Copenhague.

Blancas Cabello, C. & Hervás Ramírez, M.E. (2001). Contaminación de las aguas por nitratos y efectos sobre la salud. Consejería de Salud. Junta de Andalucía.

Blancas Cabello, C. & Suárez Bernal, M. (1999). Recomendaciones higiénico sanitarias en piscinas de uso colectivo. Consejería de Salud. Junta de Andalucía.

B.O.E. (1995). Real Decreto 363/1995, de 10 de marzo, del Ministerio de la Presidencia, por el que se aprueba el reglamento sobre notificación de sustancias nuevas y clasificación, envasado y etiquetado de sustancias peligrosas. BOE nº 133 de 5 de junio de 1995.

B.O.E. (1993). Real Decreto 1078/1993, de 2 de julio del Ministerio de Relaciones con las Cortes y de la Secretaría del Gobierno, por el que se aprueba el reglamento sobre clasificación, envasado y etiquetado de preparados peligrosos. BOE nº 216 de 9 de septiembre de 1993.

B.O.E. (1990). Real Decreto 1138/1990, de 14 de septiembre, del Ministerio de Sanidad y Consumo, por el que se aprueba la Reglamentación Técnico- Sanitaria para el abastecimiento y control de calidad de las potables de consumo público. BOE nº 226 de 20 de septiembre de 1990.

B.O.E. (1988). Real Decreto 734/88, de 1 de julio, del Ministerio de Relaciones con las Cortes y de la Secretaría del Gobierno, por el que se establecen normas de calidad de las aguas de baño. BOE nº 167 de 13 de julio de 1988.

B.O.E. (1986). Ley 14/1986, de 25 de abril, de la Jefatura del Estado, General de Sanidad. BOE nº 102 de 29 de abril de 1986.

B.O.E. (1983) Real Decreto 3349/1983, de 20 de noviembre, de la Presidencia del Gobierno, por el que se aprueba la Reglamentación Técnico Sanitaria para la fabricación, comercialización y utilización de plaguicidas. BOE nº 20 de 24 de enero de 1984.

B.O.J.A. (1998). Ley 2/1998, de 15 de junio, de la Consejería de Presidencia, de Salud de Andalucía, BOJA nº 74 de 4 de julio de 1998.

B.O.J.A. (1994). Ley 7/1.994, de 18 de mayo, de la Consejería de Presidencia, de Protección Ambiental BOJA nº 79, de 31 de mayo de 1994.

B.O.J.A. (1986). Orden de 13 de noviembre de 1986, de la Consejería de Sanidad y Consumo, por la que se regulan los órganos de dirección y gestión de los distritos de atención primaria de salud. BOJA nº 106, de 25 de noviembre de 1986.

B.O.J.A. (1985). Decreto 195/1985, de 28 de agosto, de la Consejería de Salud y Consumo, sobre ordenación de los servicios de atención primaria de salud en Andalucía. BOJA nº 89, de 14 de septiembre de 1985.

B.O.J.A. (1985). Orden de 2 de septiembre de 1985, de la Consejería de Sanidad y Consumo, por la que se aprueba el reglamento general de organización y funcionamiento de los centros de atención primaria en Andalucía. BOJA nº 90, de 19 de septiembre de 1985.

Crespí Rotger, S. Legionella y Legionelosis: Normas básicas de prevención y control de instalaciones hoteleras. Fundación Barceló.

Gonzalbes Boja, J.A. (1994). Las aguas potables en Andalucía. Recursos hídricos, tratamientos y control sanitario. Consejería de Salud. Junta de Andalucía.

Instituto de Salud Carlos III. (1998). Informe del brote de neumonía por Legionella de Alcalá de Henares. Boletín Epidemiológico del Centro Nacional de Epidemiología. 1997/Vol.5/nº 14/133-144. Ministerio de Sanidad y Consumo. Madrid.

Manzanera, R. & de la Puente, M. L. 2001. Propuesta de un marco para la reorganización de la salud pública en Cataluña. Servicio Catalán de Salud.. Consorcio Sanitario de Barcelona. Instituto Municipal de Asistencia Sanitaria.

Mariño Fernández, F.J. & Borrego García, J.J. (1995). Estudio epidemiológico de zonas de baño de la provincia de Málaga. Consejería de Salud. Junta de Andalucía.

Ordóñez Iriarte, J.M. & Avello de Miguel, A. (2000). Capítulo 19. Informe de la sociedad española de salud pública y administración sanitaria para el año 2000: La salud pública ante los desafíos de un nuevo Siglo. SESPAS. Madrid.

Organización Mundial de la Salud (1996). Informe técnico: La desinfección del agua.. Oficina Regional Europea. Dinamarca.

Peláez Antolín, C. & Martín Bourgon, C. (1993). Legionelosis. Datos de España, diagnóstico de laboratorio y recomendaciones para su prevención y control en instalaciones de edificios. Centro Nacional de Microbiología. Instituto de Salud Carlos III. Ministerio de Sanidad y Consumo. Madrid.

Santos Comendador, F. (1996). Vigilancia y control de la calidad microbiológica del agua de consumo público. Métodos analíticos. Seminario de Microbiología de las Aguas de Abastecimientos. Madrid.

Tarancón Estrada, M. (2001). Productos Químicos: Guía básica de etiquetado y fichas de datos de seguridad. Consejería de Salud. Junta de Andalucía.

World Health Organization 1980. IPCS: The International Programme on Chemical Safety. Geneva. Switzerland.

World Health Organization 1981. WHOPES: WHO Pesticide Evaluation Scheme. Geneva. Switzerland.

www.ingramcontent.com/pod-product-compliance
Lightning Source LLC
Chambersburg PA
CBHW041307210926
51847CB00001B/6
* 9 7 8 8 4 6 0 7 4 4 6 8 9 *